水利部公益性行业科研专项经费项目（201301033）
南京水利科学研究院出版基金 资助

山洪易发区水库致灾预警与减灾技术研究丛书

山洪易发区水库隐患
应急处置指南

李宏恩　何勇军　徐海峰　牛志伟　编著

中国水利水电出版社
www.waterpub.com.cn
·北京·

内 容 提 要

本书为《山洪易发区水库致灾预警与减灾技术研究丛书》之一。本书在全面总结山洪易发区内土石坝工程易暴露的防洪安全、渗流安全、结构安全、金属结构安全以及运行管理安全等主要隐患问题的基础上，深入分析了各成因导致溃坝的典型案例，提出了应急处置原则；之后详细探讨了各类安全隐患的主要特征和应急处置要点；最后列举了部分典型应急处置措施的实例。

本书可为水库工程管理单位和技术人员在开展水库大坝应急处置工作时提供参考和支撑。

图书在版编目（ＣＩＰ）数据

山洪易发区水库隐患应急处置指南 / 李宏恩等编著
. -- 北京 ：中国水利水电出版社，2016.10
（山洪易发区水库致灾预警与减灾技术研究丛书）
ISBN 978-7-5170-4816-9

Ⅰ．①山… Ⅱ．①李… Ⅲ．①水库－防洪－应急对策
－指南 Ⅳ．①TV697.1

中国版本图书馆CIP数据核字 (2016) 第247044号

书　　名	山洪易发区水库致灾预警与减灾技术研究丛书 **山洪易发区水库隐患应急处置指南** SHANHONG YIFAQU SHUIKU YINHUAN YINGJI CHUZHI ZHINAN
作　　者	李宏恩　何勇军　徐海峰　牛志伟　编著
出版发行	中国水利水电出版社 （北京市海淀区玉渊潭南路 1 号 D 座　100038） 网址：www. waterpub. com. cn E - mail：sales@waterpub. com. cn 电话：(010) 68367658（营销中心）
经　　售	北京科水图书销售中心（零售） 电话：(010) 88383994、63202643、68545874 全国各地新华书店和相关出版物销售网点
排　　版	中国水利水电出版社微机排版中心
印　　刷	三河市鑫金马印装有限公司
规　　格	170mm×240mm　16 开本　2.5 印张　34 千字
版　　次	2016 年 10 月第 1 版　2016 年 10 月第 1 次印刷
印　　数	0001—2000 册
定　　价	**16.00 元**

前　言

　　在水利部公益性行业科研专项经费项目"山洪易发区水库致灾预警与减灾关键技术研究"（201301033）与国家自然科学基金项目（51309164、51579154）等研究工作基础上编写，为进一步提高山洪易发区水库主要安全隐患处置技术水平，切实保证山洪易发区水库安全，编著了《山洪易发区水库隐患应急处置指南》（以下简称《指南》）。

　　《指南》编制是在水利部国际合作与科技司指导下完成的，水利部建设与管理司、国家防汛抗旱总指挥部办公室、水利部大坝安全管理中心等为本指南的完善提出了良多有益建议，海南省水务厅、云南省水利厅、海南松涛水库管理局等单位为本《指南》示范区的实施提供了大量帮助，本指南大量典型溃坝案例的顺利收集得益于 2013 年水利部大坝安全管理中心典型溃坝案例现场调查工作，在此一并表示感谢！武锐、李天华参与了《指南》资料收集、整理、分析以及全文校对工作。

　　《指南》的出版得到了水利部交通运输部国家能源局南京水利科学研究院和中国水利水电出版社的大力支持和资助，谨表深切的谢意。

　　由于水库大坝应急处置技术的不断进步，并受限于作者水平，《指南》中难免不妥之处，恳请读者批评指正。

作者

2015 年 12 月

目　录

1 总则

（1）为提高山洪易发区水库主要安全隐患处置技术水平，切实保证山洪易发区水库安全，特制定本指南。

（2）本《指南》主要针对山洪易发区内的中小型土石坝水库工程，其安全隐患主要包括防洪安全隐患、渗流安全隐患、结构安全隐患、金属结构安全隐患以及运行管理安全隐患。

（3）主要安全隐患应急处置方案应尽可能与工程永久治理措施相结合。

（4）山洪易发区水库应结合工程实际编制《水库大坝安全管理应急预案》，并定期演练。

（5）当山洪易发区水库出现安全隐患或险情时，根据《水库大坝安全管理应急预案》初判灾情成因与危害，综合采取应急处置措施。当隐患或险情危及大坝安全或有溃坝风险时，应按照应急预案要求及时向下游影响区发布溃坝突发事件预警信息，并报告水库主管部门、水行政主管部门和当地人民政府。

（6）山洪易发区水库主要安全隐患应急处置后，仍应加强安全监测和巡视检查，及时掌握隐患处置效果。

（7）本《指南》的引用标准和文件主要包括：

1）GB 50201—2014《防洪标准》。

2）SL 252—2000《水利水电工程等级划分及洪水标准》。

3）GB 50487—2008《水利水电工程地质勘察规范》。

4）SL 274—2001《碾压式土石坝设计规范》。

5）SL 189—2013《小型水利水电工程碾压式土石坝设计规范》。

6）SL 258—2000《水库大坝安全评价导则》。

7）SL 101—2014《水工钢闸门和启闭机安全检测技术规程》。

8）SL 210—2015《土石坝养护修理规程》。

9）SL/Z 720—2015《水库大坝安全管理应急预案编制导则》。

10）《小型水库土石坝主要安全隐患处置技术导则（试行）》。

2 山洪易发区水库安全隐患

2.1 山洪易发区水库安全隐患简述

本指南涉及的水库工程隐患包括以下五方面：

（1）防洪安全隐患：水库防洪标准不满足规范要求，包括坝顶高程不足或泄洪能力不足。

（2）渗流安全隐患：坝体、坝基渗漏，土坝穿坝建筑物接触渗漏等。

（3）结构安全隐患：坝体护坡坍塌、裂缝、滑坡、泄水建筑物结构异常变形等。

（4）金属结构安全隐患：闸门安全隐患、启闭机设备缺陷及供电系统缺陷等。

（5）管理安全隐患：管理与监测设施陈旧落后或不完善等。

2.2 防洪安全隐患

洪水漫顶造成溃坝比例最高，因此防洪安全隐患是山洪易发区内水库减灾应急处置的防治重点，主要包括挡水安全隐患和泄水安全隐患。

2.2.1 挡水安全隐患

（1）防洪标准不足：防洪标准不能满足现行规范要求；水文资料系列延长后，设计洪水发生较大改变。

（2）坝顶高程（防渗体顶高程）不满足现行规范要求：坝顶高

程不足；坝体防渗体与防浪墙间防渗体系不连续；土质防渗体顶部超高不满足规范要求；土质防渗体顶部低于非常运用条件的静水位等。

（3）泄洪建筑物挡水前沿顶高程安全超高不足：溢洪道控制段的闸顶高程及两侧连接建筑物顶高程超高不满足规范要求；闸墩、胸墙或岸墙的顶高程不满足泄流条件下的安全超高。

（4）闸门顶高程不满足挡水要求：部分水库在建坝时，因水文资料缺乏与变化，现状闸门高度不足；因水库调度规程改变，造成闸门高度不够。

2.2.2　泄水安全隐患

（1）泄洪建筑物过水断面尺寸不满足过流要求。

（2）对有闸门控制的泄洪建筑物，溢洪道无法正常启用：①闸门运行不稳定；②启闭力不足；③供电电源和备用电源不可靠；④坝前淤积影响闸门启闭。

（3）非常溢洪道不满足设计要求启用标准：①非常溢洪道堰顶高程不满足规范要求，在遭遇小于设计洪水时，非常溢洪道已经过流；②非常溢洪道启用措施难以实现，如需爆破启动非常溢洪道时，因防汛道路不满足要求，在遇设计洪水以上标准的洪水时，交通中断，无法进行爆破。

（4）泄洪影响大坝及下游安全：①泄流淘刷坝脚，影响大坝稳定；②山洪易发区内中小型水库常在地势较低处开挖有行洪垭口，作为水库非常溢洪道，但下游村镇建成区与骨干交通线路密集，非常溢洪道不具备可行的行洪通道。

2.3　渗流安全隐患

山洪易发区内土石坝坝型多样，渗流特点各异。根据防渗体类型的不同，分为均质坝、土质防渗体分区坝及非土质防渗体分区坝等三种基本型式，本指南重点关注较常见的前两种型式。

土石坝渗流隐患包括:

(1)坝基渗漏:清基不彻底,坝基下覆透水性较强的覆盖层、透水性较大或处理不完善,导致坝脚及附近出现渗漏现象;坝基存在软弱夹层,坝基潜水侵蚀作用使其透水性增大,产生渗漏。

(2)坝肩渗漏:两岸坝肩山体裂隙、节理发育,透水性较大,施工期防渗处理不完善,使坝肩与岸坡接合处出现渗漏。

(3)坝体与防渗体渗漏:大坝下游坝坡或坝脚出现渗漏,渗漏量有增长趋势,甚至出现浑水。

(4)下游排水与反滤体淤堵:淤堵导致浸润线抬高,局部位势集中,渗透比降增大,致使下游坝坡出现渗漏。

(5)坝下涵管渗漏:涵管持续渗漏,导致上游、下游坝坡局部出现塌陷。

(6)岩溶渗漏:由于大坝周边及坝基岩溶防渗处理不完善,出现岩溶渗漏,造成坝坡塌陷。

(7)溢洪道渗漏:包括溢洪道结构与坝体接触渗漏和堰体、闸墩、底板及边墙裂缝渗漏等。

(8)动物危害:由于白蚁、蛇、老鼠等动物在大坝水位变化区建巢打洞,可能形成渗漏通道,影响大坝安全。

2.4 结构安全隐患

根据土质防渗体的不同,土石坝分为均质土坝、心墙坝、斜心墙坝等,其结构安全隐患主要表现在:坝坡稳定不满足规范要求,坝顶宽度不满足运行与防汛交通要求以及大坝变形导致不均匀沉降而形成裂缝等。

2.4.1 坝坡稳定

(1)坝坡坡比偏陡。坝坡偏陡是大部分坝坡失稳的主要原因,个别大坝坝坡坡比仅为1:1.8,甚至为1:1.5。

(2)因大坝渗漏,浸润线偏高,进而导致坝坡失稳。

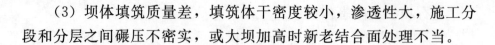

（3）坝体填筑质量差，填筑体干密度较小，渗透性大，施工分段和分层之间碾压不密实，或大坝加高时新老结合面处理不当。

2.4.2　坝顶结构

（1）坝顶宽度狭窄、高低不平，影响防汛通行与应急抢险作业。

（2）坝顶防浪墙存在隐患：防浪墙不连续；墙体不均匀沉降、裂缝，甚至断裂；分缝未设止水等。

2.4.3　大坝与混凝土建筑物的连接

大坝与溢洪道、船闸、涵管等混凝土建筑物的连接部位为薄弱环节，因接触面渗径短，连接段防渗体填筑不密实，易产生接触渗漏破坏，同时混凝土建筑物与坝体接触部位因不均匀沉降易导致脱开甚至贯穿性裂缝。

2.4.4　溢洪道结构隐患

（1）溢洪道未完建，仅完成进水渠及控制段，泄槽及出口消能段无有效泄洪消能设施，无出口泄流通道。

（2）溢洪道控制段结构单薄，稳定、应力不满足要求。

（3）泄槽未衬砌，或衬砌厚度、强度不足，冲刷严重。

（4）泄槽边墙高度不足、断面小，不满足抗滑、抗倾覆要求。

（5）混凝土、砌石施工质量差，老化脱落、断裂，结构强度及抗冲耐磨不满足要求。

2.5　金属结构安全隐患

2.5.1　结构锈蚀

金属结构锈蚀使结构构件截面面积减小，结构强度、刚度、稳定性降低，承载力下降，进而导致其结构安全不满足规范或设计要求。如闸门的行走轮、导向轮等部件，经多年运行后，部分部件锈死或不灵活，影响结构安全运行。

2.5.2 结构磨损

（1）部分结构或部件如启闭机齿轮、轴瓦等，在长期的运行过程中产生磨损。

（2）部分金属结构如闸门、钢管等，需在高速水流条件下长期工作，受水中砂、石等杂物冲刷影响，产生结构磨损。

（3）在对各构件除锈处理过程中产生磨损。

2.5.3 焊接质量存在缺陷

中小型水库受焊接技术和工艺水平限制，对金属结构的焊接工艺和质量把关不严，造成焊缝尺寸未达到设计要求，焊缝存在咬边、焊瘤、裂纹等质量缺陷。在使用过程中，焊缝出现腐蚀、开裂等安全隐患。

2.5.4 金属结构变形

因设计缺陷，启闭设施如螺杆等关键部件易产生变形；在使用过程中因误操作等原因，使结构实际荷载超过构件的承载能力，局部产生变形；金属结构达到服役年限，构件疲劳老化产生变形。以上异常变形均会导致金属结构整体无法安全运行。

2.6 管理安全隐患

运行管理安全隐患主要包括管理责任不明确、管理设施不完善、管理措施不到位、应急管理措施不落实等。

3 防洪安全隐患应急处置

3.1 防洪安全隐患处置原则

山洪易发区水库工程防洪安全隐患主要包括洪水漫顶、下游行洪能力不足等。防洪安全隐患应积极处置的原则为"升坝顶，增泄量，防冲蚀"。

3.2 洪水漫顶应急处置要点

由于山区流域面积小，坡陡流急，汇流速度快，从降雨开始到山洪暴发一般仅几小时甚至几十分钟，洪水暴涨暴落，洪峰高，洪水过程线多呈尖峰型，具有很强的突发性。山洪易发区内水库洪水漫顶主要指以下两种情形：

（1）预判洪水漫顶：库水位接近坝顶，水位仍将持续上涨，可能出现漫顶溢流险情。

（2）洪水漫顶：洪水已漫顶溢流。

3.2.1 预判洪水漫顶应急处置要点

当可能出现洪水漫顶溢流险情时，为阻止或延缓出现洪水漫顶，应采取一切可能措施增加泄洪能力，提升坝顶高程，防止坝面冲蚀和坝脚淘刷。

（1）采取拓挖泄洪设施、降低溢流堰顶高程或增加临时泄洪通道等措施以加大泄量降低库水位。

（2）尽快封堵防浪墙缺口、修筑坝顶子坝防止洪水漫顶，子坝应沿坝轴线同步加高施工，谨防缺口。可利用防浪墙抢筑子坝，在防浪墙后堆土夯实，做成土料子坝，适用于风浪较小、取土方便的土坝；或用土袋加高加固成土袋子坝，适用于坝顶较窄、风浪较大、土袋供应充足的坝体。

（3）对于大坝坝顶较窄、风浪较大，且洪水即将漫顶的紧急情况，可利用木板等在坝顶修筑子坝，如木板子坝、柳石（土）枕子坝、土工织物子坝等。

（4）当未及时在坝顶抢筑子坝时，应在坝顶及下游坝面构筑临时溢流保护措施。可在坝顶铺设土工织物等防冲材料防护。在铺设土工织物护顶时，用木桩将土工织物固定于坝顶，为使土工织物与坝顶结合严密，可在其上用一层土袋铺压。

3.2.2 洪水漫顶应急处置要点

当水库大坝因山洪已无法避免漫顶时，应在非常溢洪道、副坝或坝头等合适位置采取开挖或爆破等措施，增大泄量并引导洪水有序下泄，为下游公众撤离争取尽可能多的时间。

3.3 下游行洪能力不足应急处置要点

下游行洪能力不足主要包括下游无泄洪通道、泄洪通道被占用或截断、下泄洪水淘刷坝脚等。应急处置要点如下：

（1）当下泄洪水淘刷下游坝脚时，应对下游坝脚采取抛石固脚、增设或加高挡（导）墙等防护措施。

（2）当泄洪通道被占用、截断时，应采取疏浚、拓挖等措施迅速恢复行洪能力。

（3）当下游无泄洪通道时，应组织足量机械沿大坝泄洪设施下游侧拓挖临时泄流通道，断面尺寸根据下泄流量估算，拓挖长度应满足应急泄洪要求。

3.4 防洪安全隐患具体应急措施举例

3.4.1 应急子坝

可用土料、土袋、桩柳、土工织物等材料在坝顶修建子坝，以实现快速提高坝顶高程的目的。以土料子坝为例，应修在坝顶靠临水坝肩一侧，其临水坡脚一般距坝肩 0.5～1.0m，顶宽 1.0m，边坡不陡于 1：1，子坝坝顶应超出推算最高水位 0.5～1.0m。抢筑前，沿子坝轴线先开挖

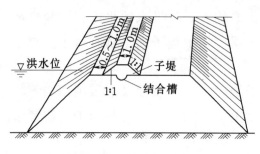

图 3.1　土料子坝示意图

一条结合槽，槽深 0.2m，底宽约 0.3m，边坡 1：1（图 3.1）。清除子坝底宽范围内坝顶草皮、杂物，并把表层刨松或犁成小沟，以利新老土结合。土料选用黏性土，填筑时分层填土夯实。

3.4.2 坝顶防冲简易措施

当未能及时在坝顶抢筑子坝时，为防止过坝水流冲刷破坏，可在坝顶铺设柳料（图 3.2）、土工织物等防冲材料防护。在铺设土工织物护顶时，用木桩将土工织物固定于坝顶，木桩数量视具体情况而定，一般间距 3m。为使土工织物与坝顶结合严密，不被风浪掀起，可在其上铺压土袋一层。

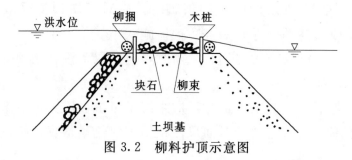

图 3.2　柳料护顶示意图

4 渗流安全隐患应急处置

4.1 渗流安全隐患处置原则

山洪易发区水库工程渗流安全隐患按可能致灾严重程度排序可分为穿坝建筑物接触渗漏、坝体渗漏、坝基渗漏等。渗流安全隐患应急处置的原则为"上堵下排，堵排结合"。

4.2 坝体渗漏应急处置要点

4.2.1 主要特征

（1）上游坝坡塌陷，坝前出现漩涡。

（2）下游坝坡大面积散浸、松软隆起或塌陷。

（3）下游坝坡出现集中渗漏点，渗漏水浑浊或有细颗粒带出，出逸点高于反滤体顶高程。

（4）下游坝脚反滤体失效。

（5）渗流监测资料显示坝体渗透稳定性不满足要求。

4.2.2 处置要点

4.2.2.1 上游坝坡截渗

（1）对于上游坝坡塌陷的情况，在山洪来临前，坝前水位较低时，可抢修土袋围堰或桩柳围堰，将水抽干后用不透水材料（如袋装黏性土）填筑陷坑，待全部填满后再抛黏性土、散土封堵，其防渗性能应不小于坝体土料。

（2）当山洪已抵达坝址，坝前水位较高时，可采取抛填黏土

（袋）构筑戗堤或铺设土工膜等上游截渗措施；当坝体出现塌陷较深时，应进行应急填土处理。

4.2.2.2 下游坝坡导渗

（1）当下游坝坡大面积散浸，未见坝坡失稳或渗水变浑，且上游坝坡不具备迅速采取截渗措施条件时，可在下游坝坡开挖导渗沟，铺设砂石滤料、土工织物或透水软管等导渗排水。

1）导渗沟具体尺寸和间距应根据渗水程度和坝体土性确定；土工织物导渗沟内应选择符合滤层要求的土工织物，沟内应填满粗砂、碎石、砖渣等一般性透水材料。

2）紧急情况时，也可用土工织物包梢料打捆置于导渗沟内，其上应铺盖土料保护层。

3）透水软管导渗沟内铺设渗水软管，其四周应充填粗砂。

4）若开挖导渗沟后排水仍不显著，可增挖竖沟或斜沟。

（2）当坝体下游坝坡因渗漏过于松软，或坝体断面单薄，不宜采用导渗沟时，可在下游坡至坝脚采用贴坡滤层导渗法抢护，滤层设计应满足反滤要求。

（3）当下游坡发生较严重渗水，且坝体断面单薄、下游坝坡较陡或坝脚有水坑、池塘时，可采用修筑砂土或梢土后戗台抢护，应保证戗台材料透水性，以利排水。

4.3 坝基渗漏应急处置要点

4.3.1 主要特征

（1）坝基渗漏水出现浑浊或细颗粒带出。

（2）坝后冒水翻砂、塌陷或松软隆起，或伴有坝前漩涡现象。

（3）监测资料揭示坝基渗透稳定性不满足要求。

4.3.2 处置要点

（1）与坝体渗漏处置类似，坝前防渗处理可根据工程和地质条件采取水平或垂直防渗等截渗措施。

1）当渗漏较轻时，可采用抛填黏土（袋）构筑铺盖或铺设土工膜等防渗措施，与坝体截渗措施相同。

2）当渗漏严重时，可采用帷幕灌浆或设置防渗墙等伸入坝基的垂直防渗措施，截断渗漏通道。

（2）坝后排水反滤措施应根据工程和坝基地质条件采取相应措施，包括排水减压井、滤层压盖、反滤围井、抛填导滤堆或增设排水暗管等。

1）排水减压井适用于坝后承压地基，为有效降低基础渗透压力，一般挖穿或钻穿坝后相对不透水地面表层，形成排水明（暗）沟或减压井（沟），当相对不透水层或覆盖层较深厚时需设置减压井。

2）对渗水量较小的管涌或普遍渗水的区域，可采用在坝后地基加设滤层压盖等排水反滤措施，滤层设计应满足反滤要求。

3）对严重的管涌险情，应急处置应以反滤围井为主，反滤材料优先选用砂石或土工织物，辅以可利用的其他材料。反滤铺筑前，应先对处理范围内的软泥和杂物进行清理；对涌水带沙较严重的管涌出口采用抛填块石保护；管涌范围内应分层铺填滤料，滤层顶部压盖保护。

4）当坝后管涌口附近积水较深，不易形成围井时，应采用水下抛填导滤堆，形成导滤排水。

5）当下游坡脚附近出现分布范围较大的管涌群险情时，可在出险范围外抢筑围堰，截蓄涌水以抬高水位，然后安设水泵和排水管加快排水速度。

4.4 穿坝建筑物接触渗漏应急处置要点

4.4.1 主要特征

（1）建筑物进口、出水口与坝体连接部位出现塌坑且土体湿软。

（2）开敞式建筑物侧墙与坝体连接部位有明显渗漏，出水浑浊或有细颗粒带出。

（3）建筑物出口与坝体接触部位有明显渗水现象，渗水呈泉涌状，或渗水浑浊，有细颗粒带出。

4.4.2 处置要点

（1）穿坝建筑物接触渗漏极易因渗漏部位不断扩展造成严重的溃坝事故，因此应高度重视。

（2）当穿坝建筑物结合部上游出现塌陷时，应清除坑内软土，重新回填填筑土料；当下游出现塌坑时，应清除坑内软土，按反滤要求回填反滤料。若短期内再次塌陷，应考虑降低库水位，并及时分析原因，采取相应加固措施处理。在降低库水位过程中，应控制水位下降速度，避免库水位下降过快引起坝坡失稳。

（3）在处理过程中应根据渗漏情况的不同，按接触渗漏的轻重程度在渗漏发生部位按反滤要求采取临水堵截、下游侧导渗、封闭围堰等措施。

1）临水堵截。将建筑物两侧临水坡面的杂草、树木等清除之后，沿建筑物与坝身、坝基结合部抛填黏土截渗，在靠近建筑物侧墙和涵管附近不宜用土袋等抛填，防止架空。

2）下游侧导渗。当接触渗漏轻微时，可在渗漏出口处铺设临时反滤层或修筑反滤围井导渗。

（4）封闭围堰。

1）当接触渗漏严重时，可在建筑物出口处修筑围堰，将下游出口封闭，蓄水反压，此时围堰内水位不宜过高，避免围堰失稳造成二次灾害。

2）当穿坝建筑物接触渗漏险情已无有效抢护措施时，应尽快根据地形、地质条件，在大坝上游侧适宜位置抢筑围堰，将建筑物进水口及与坝体和坝基结合部位封闭其中。

4.5 渗流安全隐患具体应急措施举例

4.5.1 坝体渗漏处理措施

（1）上游坝坡防渗处理。上游坝坡防渗处理宜就地取材，当黏性土料充足时，可在上游坡抛投黏土（袋），修筑前戗截渗，见图 4.1。当坝前水深较浅、黏性土料缺乏时，亦可采用土工膜与土袋联合截渗的方式，见图 4.2。

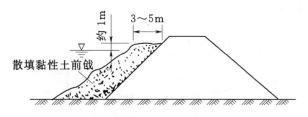

图 4.1 抛黏性土截渗示意图

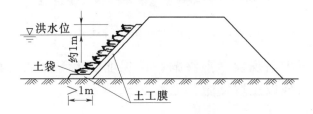

图 4.2 土工膜与土袋联合截渗示意图

（2）下游坝坡导渗沟处理。当在上游坡迅速做截渗有困难时，或与上游截渗联合运用时，可在下游坡开挖导渗沟，铺设滤料、土工织物或透水软管等导渗排水措施。下游坝坡导渗沟开挖高度，应达到或略高于渗水出逸点高程，导渗沟开沟示意图见图 4.3。

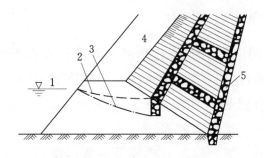

图 4.3 导渗沟开沟示意图

1—洪水位；2—开沟前浸润线；3—开沟后浸润线；4—坝顶；5—排水纵沟

15

（3）下游坡贴坡滤层导渗法。当下游坝坡、坡脚或穿坝建筑物出口出现渗漏时，下游贴坡滤层导渗是对前述部位应急抢护的有效手段，反滤材料可采用砂石、土工织物等，自坝面至反滤层表面，材料应由细及粗，见图4.4。

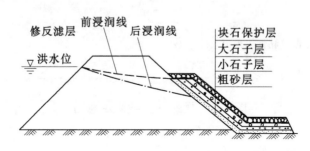

图4.4　下游贴坡滤层导渗法

当下游坝坡出现较严重渗漏，且坝址砂土等反滤材料充足时，可修筑透水后戗以压坡反滤，见图4.5。

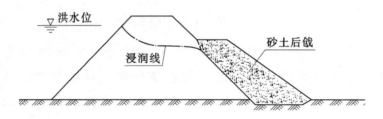

图4.5　下游坡透水后戗

4.5.2　坝基渗漏处理措施

（1）排水减压井（沟）。排水减压井通过在坝下游侧设排水沟，实现排水减压的目的。根据排水沟开挖深度的不同，分为浅沟、不完整沟、完整沟三种，见图4.6。根据透水层厚度的不同进行选择，透水层越厚，排水沟越深。

（2）滤层压（铺）盖。对坝脚下游渗水量与渗透流速较小的管涌，及普遍渗水的区域，可采用滤层压（铺）盖，滤料可采用砂石、土工织物等，滤层顶部压盖保护层，见图4.7。

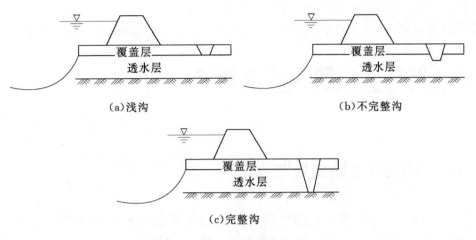

(a)浅沟   (b)不完整沟

(c)完整沟

图 4.6   不同深度排水沟示意图

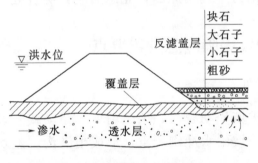

图 4.7   滤层压盖示意图

4.5.3   穿坝建筑物渗漏处理措施

穿坝建筑物渗漏隐患处理的核心是上游侧进口防渗和下游侧出口反滤保护，上游截渗与下游出口反滤保护形式与4.5.1坝体渗漏处理措施一致。

5 结构安全隐患应急处置

5.1 结构安全隐患处置原则

山洪易发区水库工程结构安全隐患主要包括坝体护坡塌陷、坝体滑坡、坝体裂缝、近坝岸坡滑坡、泄水建筑物结构异常变形等。应急处置的原则为"判明原因，先急后缓，综合处置"。

5.2 坝体护坡塌陷应急处置要点

5.2.1 主要特征

（1）上游护坡松动脱落、架空坍塌、错动或开裂。

（2）下游护坡雨水冲刷严重，形成雨淋沟、陡坎、坍塌。

5.2.2 处置要点

坝体护坡塌陷处置应根据不同的护坡结构型式和塌陷范围，采取合适的处置措施。

（1）对上游护坡宜进行填补翻修修复。在紧急情况下应进行临时性的填塞封堵处理。

（2）当雨水冲刷护坡形成雨淋沟、陡坎或发生坍塌时，宜采用削坡、开挖回填方法修复，并做好坝面排水沟。

5.3 坝体滑坡应急处置要点

5.3.1 主要特征

5.3.1.1 滑坡类型

（1）水库预泄或加大泄量期间，库水位下降过快，导致上游坝坡滑坡。

（2）水库高水位运行致坝内浸润线过高，导致下游坝坡滑坡。

（3）水库风浪掏刷，引起上游坝坡滑坡。

（4）穿坝建筑物附近坝坡滑坡。

（5）两岸坝肩滑坡。

5.3.1.2 滑坡特征

（1）坝体短期内出现持续而显著位移，伴随裂缝扩展致坝体位移增大，坝坡出现明显"鼓肚"现象，凭肉眼可见坝坡下部水平位移量大于上部的水平位移量，坝坡上部显著沉降，下部出现"上翘"现象。

（2）滑动主裂缝两端有向边坡下部逐渐弯曲的趋势，两侧分布众多平行小缝，主缝上侧、下侧有错动。

5.3.2 处置要点

（1）以"下部压重，上部减载"为原则，设法增加阻滑力，减小滑动力。根据滑坡成因、部位和工程条件，采取开挖回填、加培缓坡、压重固脚、导渗排水等措施综合处理。

滑坡处理前，应用塑料薄膜、土工膜等覆盖封闭滑坡裂缝，严防雨水渗入，同时应在裂缝上方开挖截水沟，导流坝面雨水。并持续对滑坡位置进行巡视、监测。

（2）对库水位骤降引起的上游坝坡失稳，应立即减缓库水位下降速率；然后采取开挖回填、压重固脚等处理措施。

（3）对因水库高水位运行、大坝渗漏等引起的下游坝坡滑坡，应采取开挖回填、加培缓坡、压重固脚和导渗排水等综合措施处理。

1）应结合坝体渗漏安全隐患的处置措施，进行大坝防渗处理和下游排水反滤处理。

2）对体积较小的滑坡体，应全部挖除，用原设计要求的土料分层回填夯实；对体积较大滑坡体，可将松土部分挖除，用满足坝体填筑要求的土料分层回填夯实。

3）对滑坡体底部前缘滑出坝脚以外的滑坡，可在滑坡段下部采取砌石固脚或抛石压脚等压重固脚措施，形成压坡体，有排水要求时，应考虑与排水反滤设施结合处置。

（4）对水库风浪淘刷引起的上游坝坡滑坡，应采用回填处理，对护坡进行修复，恢复后的护坡应满足风浪淘刷要求。

（5）对穿坝建筑物附近坝坡发生的滑坡，应及时查明滑坡的成因采取相应措施，若因接触渗漏造成滑坡，应参考 4.4 穿坝建筑物接触渗漏应急处置要点进行处理。

（6）对两岸坝肩发生的滑坡，应先查明滑坡原因，判明是否存在绕坝渗漏等现象，必要时结合渗漏安全隐患处置措施，采取开挖回填、加培缓坡、压重固脚和导渗排水等处理措施。

5.4 坝体裂缝应急处置要点

5.4.1 主要特征

（1）坝顶和上游、下游坡面出现坝体纵向裂缝。

（2）坝顶和上游、下游坡面出现横向裂缝。

（3）坝体与两坝肩及穿坝建筑物接触处出现沉陷裂缝。

（4）防浪墙与大坝防渗体结合部出现裂缝。

（5）防浪墙或混凝土防渗面板出现贯穿性裂缝。

5.4.2 处置要点

坝体裂缝处置应根据不同的裂缝成因和裂缝规模，采取相应的处置措施。

（1）裂缝处置前，应通过石灰水灌缝或开挖探坑进行检查，判别裂缝性质，分析可能危害，有条件时，设置必要的监测设施或标记，定时进行监测以观测裂缝变化，同时应加强坝面巡查，及时发现新的裂缝。

（2）对缝宽（深）较小的纵向裂缝可仅进行缝口封闭，防止雨水渗入；缝宽（深）较大的纵向裂缝应进行开挖回填处理。①顺裂缝开挖成槽，槽深 0.3～0.5m，槽内回填坝体相似土料，分层夯实；②回填后覆盖防水塑料膜或土工膜，再填筑砂性保护层。

（3）坝体横向裂缝均应进行开挖回填处理。

1）顺裂缝开挖成槽，槽深 0.3～0.5m，沿裂缝方向每隔约 5m 开挖与裂缝相交成十字形的结合槽；槽内用塑性土回填，含水率应略高于最优含水率，铺层厚度不大于 20cm，分层夯实，回填平整与坝坡齐平；填平后再铺一层厚 15cm 的塑性土，夯实成龟背形；在坝体迎水侧加深加宽开槽，并确保迎水侧横缝封闭，与无缝坝体至少有 1m 的搭接。

2）对裂缝宽度和深度过大的横向裂缝，可采用开挖回填与灌浆相结合的方法处理，先开挖回填裂缝上部，用回填黏土形成阻浆盖，后以黏土浆液灌浆处理。

3）对难以开挖的裂缝或危及坝体稳定的内部裂缝，采用灌浆法处理。

（4）对坝体与两坝肩及穿坝建筑物接触处的沉陷裂缝，采用开挖分层夯实回填处理，较严重时采用开挖回填与防渗处理相结合的方法处理。

（5）对防浪墙与大坝防渗体结合部位裂缝，可采用充填式黏土灌浆的方法处理，要求防浪墙与防渗体紧密连接。

（6）对防浪墙或混凝土防渗面板的裂缝，当出现局部裂缝或破损时，可采用水泥砂浆或特种涂料等防渗堵漏材料进行表面涂抹；当出现的裂缝较宽或伸缩缝止水遭破坏时，可采用表面粘补或凿槽嵌补方法进行处置。

5.5 近坝岸坡滑坡应急处置要点

5.5.1 主要特征

（1）两坝肩岸坡滑坡。

（2）溢洪道、泄水建筑物进出口滑坡。

5.5.2 处置要点

（1）对滑坡体范围、位移、裂缝宽度变化等进行监测和检查。

（2）对岸坡滑塌导致泄水建筑物进口因滑塌体及淤积物阻塞的情况，应及时进行清除，确保泄水正常。

（3）对不稳定滑坡体，应采取削坡减载、锚固或喷射混凝土支护等措施处理。对规模比较大的滑坡体，应作专门分析论证后确定处理措施。

5.6 泄水建筑物结构异常变形应急处置要点

5.6.1 主要特征

（1）泄水建筑物闸室变形严重，导致闸门和启闭设施卡阻。

（2）溢洪道或泄洪渠底板及两侧翼墙或边墙严重变形，产生裂缝漏水。

5.6.2 处置要点

（1）应对建筑物结构变形部位进行补强加固，当结构变形特别严重导致闸门和启闭设施卡阻时，应全力进行修复，若仍无法打开闸门时，应采取必要措施开辟新的泄洪通道，确保泄洪安全。

（2）当溢洪道底板及两侧翼墙或边墙变形严重时，应首先加固地基，待变形基本稳定后进行凿槽嵌补，采用水泥砂浆或环氧砂浆堵塞裂缝；伸缩缝漏水，可在渗水出口缝上凿槽，将渗漏水集中导开，然后用速凝剂堵漏后用水泥砂浆或环氧砂浆嵌补。

（3）当其他穿坝建筑物（涵洞等）变形严重，产生裂缝漏水时，应结合渗漏安全隐患处置措施，进行应急处置。

5.7 结构安全隐患具体应急措施举例

5.7.1 坝坡稳定加固

（1）上游、下游坝坡培厚放缓加固。当上游、下游坝坡抗滑稳定不满足要求时，可采取培土放缓坝坡法加固。在具备放空条件时，上游坝坡应干地分层碾压填筑施工，保证加固坝坡填筑密实；对加固时无法放空水库的情况，可采用抛石压脚放缓坝坡。下游坝坡一般具备干地施工条件，施工要求与上游坝坡相同。土料可采用比坝坡透水性大的材料，如块石料、石渣料、砂砾料及砂土等，以利排水。

（2）削坡放缓。当坝体局部坝坡抗滑稳定不足且坝顶较宽时，可适当削坡放缓坝坡。该法施工简单、经济。

（3）局部衬护加固。当坝坡上部局部偏陡或表层局部坝坡稳定不足，但整体坝坡稳定满足要求时，可采用表层格构护坡或砌石衬护加固。

5.7.2 坝体填土改性

当原坝体填筑材料差，导致坝坡抗滑稳定不足或坝坡排水性较差时，在具备条件时，可挖除原筑坝材料，回填性能较好、防渗好（上游）或透水性大（下游）的筑坝材料，进而提高坝坡稳定性、防渗性或排水性。置换加固法因开挖工艺造成施工期长，仅适用于不具备坝坡培厚条件的大坝。

5.7.3 裂缝处理方法

土石坝裂缝处置多采用挖除回填、裂缝灌浆或两者相结合的方法。

5.7.3.1 挖除回填

该法简单易行、彻底可靠，适用于坝体纵向、横向裂缝。对于表层浅裂缝，用砂土填塞后在表面用低塑性黏土封填夯实；当裂缝较深但深度小于 5m 时，可采用人工挖除回填；当深度大于 5m 时，宜采用机械挖除。

开挖一般采用梯形断面，以保证回填土与原坝体结合密实。对于贯穿的横向裂缝应开挖成十字形结合槽。开挖前应在裂缝内灌白灰水，以标记开挖边界，实际开挖深度应大于裂缝深 0.3~0.5m，开挖长度应超缝端 2.0~3.0m，槽底宽以方便作业和保证开挖边坡稳定为准。回填土应严格控制质量，并采用洒水、刨毛及压实措施，确保新老填土结合良好。

5.7.3.2 灌浆处理

灌浆法仅适用于作出明确判断的深部裂缝，对未明晰特征的坝体裂缝，尤其是纵向裂缝，应慎重使用；当雨季或坝内浸润性较高时，因浆液不易固结，亦不宜使用。

常采用黏土浆或黏土水泥浆。前者施工简单，造价低，固结后与原坝体土料性质基本一致；后者中的水泥可加快浆液凝固，减少体积收缩并提高固结后强度，应注意，水泥掺量不宜过多，一般为固体颗粒重量比的 15%。

（1）浆液浓度选择。浆液浓度应按裂缝宽度与浆液内颗粒大小确定，灌注浆液浓稠度基本与裂缝宽度成正相关，即灌注细缝时，浆液较稀，灌注宽缝时，浆液黏稠。单次灌浆应先稀后浓，必要时掺入少量塑化剂，以提高浆液流动性。

（2）一般采用重力灌浆或压力灌浆。重力灌浆依靠浆液自重灌入；压力灌浆额外施加压力，使浆液在较大压力作用下灌入裂缝，应适当控制压力，防止裂缝扩大，尤其避免产生新裂缝。

5.7.3.3 挖除回填与灌浆处理结合

挖除回填与灌浆处理结合法适用于采用单一手段无法彻底解决裂缝问题的情况，具体方案应根据裂缝实际情况选择开挖深度、回填土料、灌注浆液、灌注压力等。

6 金属结构安全隐患应急处置

6.1 金属结构安全隐患处置原则

金属结构安全隐患主要包括闸门安全隐患、启闭机设备缺陷、供电系统缺陷等。应急处置的原则为"预防为主、系统检测、调试运行、万无一失"。

当发现金属结构存在安全隐患时，应及时判别隐患成因及危害，参照《水工钢闸门和启闭机安全检测技术规程》（SL 101—2014）进行安全检测，并应根据隐患发生的部位、原因与实际条件，采取不同的处置措施及时处理。安全隐患处置后，及时进行设备调试运行，并加强巡视检查，保障闸门启闭系统运行安全。

6.2 闸门安全隐患应急处置要点

6.2.1 主要特征

（1）闸门锈蚀严重、门体变形。

（2）闸门行走支承装置和导向装置损坏或锈死、吊点不平衡、门槽或门槛中有异物、止水设施损坏等。

（3）翻板闸门、叠搭连锁闸门支撑墩、铰链等锈蚀严重。

6.2.2 处置要点

（1）当闸门锈蚀严重、强度不满足规范要求或闸门的面板、梁系结构、门槽等变形影响闸门启闭时，可根据工程实际更换相应的构件或更换整扇闸门。

（2）当闸门行走支承装置和导向装置锈死或损坏时，应按照如下要求进行处理：①当滚轮装置锈蚀、磨损严重不能正常转动时，应及时更换；②当胶木滑道的变形、开裂、老化等缺陷影响闸门正常运行时，应及时更换；③当闸门吊点不平衡时，应对钢丝绳长度、吊杆长度、启闭传动设备的同步性等进行调整；④当闸门止水设施损坏时，应进行更换。

（3）当翻板闸门、叠搭连锁闸门支撑墩、铰链等锈蚀严重，影响闸门正常运行时，应进行加固或更换。

6.3　启闭机设备缺陷应急处置要点

6.3.1　主要特征

（1）闸门卡阻导致启闭力不足。

（2）启闭机容量不足。

（3）钢丝绳断丝、吊杆（拉杆）变形、开式齿轮断齿。

（4）液压启闭机管线破损、漏油。

（5）手电两用启闭机手动设施缺失。

（6）发电机故障、制动器电磁（液压）及闸瓦失灵。

（7）闸门开度、限位器出现异常或损坏。

6.3.2　处置要点

（1）当闸门卡阻导致启闭力不足时，应采取必要措施消除闸门卡阻。

（2）当启闭机容量不足时，应更换启闭机。

（3）当启闭机钢丝绳断丝、吊杆（拉杆）变形、开式齿轮断齿等影响到闸门启闭安全时，应及时更换。

（4）当液压启闭机漏油影响到闸门启闭安全时，应检测缸体、油路系统找出渗漏油位置，及时维修或更换相应的零部件。

（5）当手电两用启闭机手动设施缺失时，应增设手动设施。

（6）当启闭机发电机故障、制动器电磁（液压）及闸瓦失灵时，应及时维修更换。

（7）当闸门开度、限位器异常或损坏时，应及时处理，并对闸门启闭增加人工监控。

6.4　供电系统缺陷应急处置要点

6.4.1　主要特征

（1）供电线路老化、过长或负载过大。

（2）泄洪设施无备用电源。

（3）防雷设施年久失修损坏。

6.4.2　处置要点

（1）当发现供电系统运行安全隐患时，应根据隐患发生的原因与实际条件，采取不同的处置措施，及时处理。

（2）当供电线路老化、过长或负载过大时，应改造供电线路或增设变压器。

（3）当泄洪设施无备用电源时，对有备用电源要求的应增设柴油发电机；对无备用电源要求的应采取其他措施（如确保手动启闭安全），保障泄洪设施正常启闭。

（4）当防雷设施年久失修或损坏时，应及时维修或更换。

7 管理安全隐患应急处置

7.1 管理安全隐患处置原则

运行管理安全隐患处置应明确安全管理责任和运行管护主体，并配备必要的安全管理设施，落实应急管理措施。应急处置的原则为"责任到人、完善设施、落实到位"。

7.2 管理责任不明确应急处置要点

7.2.1 主要特征

（1）大坝安全管理责任制未落实。
（2）安全监督管理规章制度不健全。
（3）运行管护主体和管护人员未落实。

7.2.2 处置要点

水库管理责任主要包括地方人民政府落实水库行政领导负责制度，水行政主管部门负责建立水库安全监督管理规章制度，水库管理单位或管护人员负责落实安全管理制度。

（1）对安全管理责任制未落实的水库，应按有关规定建立健全安全管理责任制，逐库落实运行安全行政领导负责制，明确地方政府、水行政主管部门、管理单位运行安全责任人，并通过公共媒体向社会公告，接受社会各界监督。对农村集体组织或用水合作组织所属小型水库，由工程所在乡（镇）人民政府建立并落实运行安全责任制。各责任主体的职责如下：

1) 地方人民政府负责落实本行政区域内水库安全行政管理责任人，并明确其职责，协调有关部门做好小型水库安全管理工作，落实管理经费，划定工程管理范围与保护范围，组织重大安全事故应急处置。

2) 水行政主管部门负责建立水库安全监督管理规章制度，组织实施安全监督检查，负责注册登记资料汇总工作，对管理（管护）人员进行技术指导与安全培训。

3) 水库主管部门（或业主）负责所属水库安全管理，明确水库管理单位或管护人员，制定并落实水库安全管理各项制度，筹措水库管理经费，对所属水库大坝进行注册登记，申请划定工程管理与保护范围，督促水库管理单位或管护人员履行职责。

4) 水库管理单位或管护人员按照水库管理制度要求，实施水库调度运用，开展水库日常安全管理与工程维护，进行大坝安全巡视检查，报告大坝安全情况。

（2）对运行管护主体和管护人员未落实的水库，水库主管部门（或业主）应明确管护责任主体和人员。水库管理（管护）人员应参加水行政主管部门组织的岗位技术培训。

7.3 管理设施不完善应急处置要点

7.3.1 主要特征

水库管理设施包括大坝安全监测设施、防汛道路、通信设施、管理用房等。管理设施不完善主要包括：①无监测设施或监测项目不完善；②无防汛道路或道路标准不满足防汛抢险要求；③通信设施不满足汛期报汛或紧急情况下报警的要求；④无管理用房或管理用房不满足管理（护）人员办公、汛期值班和储备必要防汛抢险物资的要求。

7.3.2 处置要点

（1）对监测设施不完善的水库，水库主管部门和管理单位应按照有关规定增设必要的安全监测设施，对于小型水库至少应设置库水位观测设施。

（2）对缺少必要交通条件的水库，应修筑能够到达坝肩或坝下的防汛道路，道路标准应满足防汛抢险要求。当现有防汛道路不能满足防汛抢险要求时，应按标准进行整修。对坝顶兼做公路的，应对机动车辆通行加强管理，并设置超高、超宽和限载要求。

（3）对缺少对外通信条件的水库，应配备必要的通信设施，满足汛期报汛或紧急情况下报警的要求。对小（1）型水库和对村镇、交通干线、军事设施、工矿校区等人口集中区安全有重要影响的重点小（2）型水库须具备两种以上的有效通信手段，其他小（2）型水库须具备一种以上的有效通信手段。

（4）对缺少管理用房的水库，应配备一定面积的管理用房，满足水库管理（护）人员办公、汛期值班和储备必要防汛抢险物资的要求。当已建管理房不能满足安全或日常管理要求时，应对管理房进行整修。

7.4 管理措施不到位应急处置要点

7.4.1 主要特征

水库工程管理措施主要包括管理制度、调度运用、安全监测与巡视检查、维修养护、安全鉴定、控制运用、除险加固、降等或报废等。管理措施不到位主要包括：①水库管理制度不健全；②未编制水库调度运用方案、度汛方案或未批复；③新建、改扩建或除险加固工程未编制初期蓄水方案、主体工程未验收即蓄水运行等；④未建立巡视检查和安全监测制度；⑤维修养护不到位；⑥水库未按规定开展大坝安全鉴定（认定）。

7.4.2 应急处置要点

（1）对管理制度不完善的水库，应建立调度运用、巡视检查、维修养护、防汛抢险、闸门操作、应急管理、技术档案等管理制度并严格执行。

（2）对缺少调度运用方案（规程）的水库，水库主管部门（或业主）应编制调度运用方案（规程），并按有关规定报批并严格执行。

当水库调度任务、运行条件、调度方式、工程安全状况等发生重大变化后，应及时对水库调度运用方案（规程）进行修订，并报原审批部门审查批准。

（3）未建立巡视检查和安全监测制度的水库，水库管理单位或管护人员应按照有关规定开展日常巡视检查与安全监测工作，重点检查和监测水库水位、渗流及主要建筑物运行状况，并做好工程安全检查和监测记录、分析、报告和存档等工作。

对除险加固后初期蓄水的水库，要加密巡视检查与安全监测的频次，重点关注穿坝建筑物及工程除险加固部位的运行状况，并加强值守，一旦发现异常渗漏与裂缝、塌陷等现象，应立即报告主管部门和当地政府，并迅速按应急抢险方案组织抢险，同时降低水位运行，必要时放空水库。

（4）对维修养护不到位的水库，地方政府和水库主管部门（或业主）应落实人员基本支出和工程维修养护经费，按规定组织开展日常维修养护工作，对枢纽建筑物、启闭设备及备用电源等加强检查维护。

（5）水库主管部门（或业主）应按规定组织开展大坝安全鉴定（认定）工作，对经鉴定为"三类坝"的小型病险水库，应采取有效措施限期消除安全隐患。

水行政主管部门应根据水库病险情况发布限制水位运行或空库运行指令，对符合降等或报废条件的小型水库，应按有关规定实施降等或报废处理。

7.5　应急管理措施不落实应急处置要点

7.5.1　主要特征

应急管理措施主要包括应急预案、预案运行机制、应急保障、预案的宣贯与演练等。应急管理措施不落实主要包括：①大坝安全管理应急预案或防汛抢修应急预案未编制；②险情报告制度不落实；③应急保障不落实；④预案宣贯与演练制度不落实。

7.5.2 处置要点

（1）对无应急预案的水库，水库主管部门（或业主）应按有关规定组织编制大坝安全管理应急预案，报县级以上水行政主管部门备案。

（2）水库管理单位或管护人员发现大坝险情时，应立即报告水库主管部门（或业主）、地方人民政府，并加强观测，及时发出警报。

（3）应结合防汛抢险需要，成立应急抢险与救援队伍，储备必要的防汛抢险与应急救援物料器材。

（4）应加强对应急预案的宣传和培训，并按照应急预案中确定的撤离信号、路线、方式及避难场所，适时组织群众进行撤离演练。